Julian Beck

Technik und Rentabilität von Tiefenbohrungen zur Wärmeversorgung eines Einfamilienhauses

Julian Beck

Technik und Rentabilität von Tiefenbohrungen zur Wärmeversorgung eines Einfamilienhauses

MIX
Papier aus verantwortungsvollen Quellen
Paper from responsible sources
FSC® C105338

Diplom.de

Bibliografische Information der Deutschen Nationalbibliothek:

Bibliografische Information der Deutschen Nationalbibliothek: Die Deutsche Bibliothek verzeichnet diese Publikation in der Deutschen Nationalbibliografie; detaillierte bibliografische Daten sind im Internet über http://dnb.d-nb.de/ abrufbar.

Druck und Bindung: Books on Demand GmbH, Norderstedt Germany
ISBN: 978-3-95636-843-1

http://www.diplom.de/e-book/301067/technik-und-rentabilitaet-von-tiefenbohrungen-zur-waermeversorgung-eines

Inhaltsverzeichnis

Formel- und Abkürzungsverzeichnis

Abkürzungen[1]

DVGW W120	Zertifikat für Bohr- und Brunnenbauunternehmen, verliehen durch den Deutschen Verein des Gas- und Wasserfaches e.V.
W/(m · K)	Watt pro Meter und Kelvin (Einheit für die Wärmeleitfähigkeit eines Materials)
W/m	Watt pro Meter (Einheit für den spezifischen Wärmefluss des Untergrundes)
JAZ	Jahresarbeitszahl
VOB	Vergabe- und Vertragsordnung für Bauleistungen
kW	Kilowatt (Einheit der Leistung)
€/a	Euro pro Jahr (Einheit für Betriebskosten pro Jahr)
a	Jahr (Einheit für die Amortisationszeit)

[1] Bei den Einheiten ist in Klammern der Verwendungszweck in der vorliegenden Arbeit aufgeführt.

Formeln und Symbole

Kurzzeichen	Einheit	Benennung
P_N	kW	Wärmebedarf (Heizleistung) eines Gebäudes
A	m²	Beheizte Gebäudefläche
q	kW/m²	Spezifischer Wärmebedarf pro Quadratmeter beheizter Gebäudefläche
$P_{N, Ausl.}$	kW	Heizleistung, für die die Wärmepumpe ausgelegt sein muss
f	--	Dimensionierungsfaktor zur Berücksichtigung von Sperrzeiten
Q_{ZU}	kWh	Energie, die der Wärmepumpe zugeführt wird
Q_{EL}	kWh	Elektrische Energie, die dem Verdichter zugeführt wird
L_B	m	Tiefe der Bohrung
p(s)	W/m	Spezifische Entzugsleistung der Erdwärme-sonde (abhängig von Untergrund und Betriebszeit)
ΔK_{GES}	€	Differenzkosten zwischen Erdwärmesonden-anlage und Ölheizung im Jahr der Errichtung der Erdwärmesondenanlage
K_{EWS}	€	Investitionskosten und Betriebskosten der Erdwärmesonde im ersten Jahr
$K_{ÖL}$	€/a	Betriebskosten der Ölheizung pro Jahr
ΔK_a	€/a	Jährliche Differenzkosten zwischen Ölhei-zung und Erdwärmesondenanlage ab dem zweiten Jahr
$K_{a, EWS}$	€/a	Jährliche Betriebskosten der Erdwärme-Sondenanlage
t_A	a	Amortisationszeit

Bildverzeichnis

Tabellenverzeichnis

Kurzfassung

Die vorliegende Arbeit befasst sich mit der Technik und Rentabilität von Tiefenbohrungen zur Wärmeversorgung eines Einfamilienhauses. Eine Untersuchung dieses Sachverhalts fand anhand einer Recherche in Büchern, Vorlesungsskripten, Behördenunterlagen, eigenen Unterlagen und im Internet statt. Durch die Verknappung fossiler Rohstoffe und die damit einhergehende Steigerung der Betriebskosten von Heizsystemen auf Basis endlicher Ressourcen werden diese zunehmend unrentabel. Auf der Suche nach Alternativen ergibt sich die Möglichkeit, die nahezu unerschöpflich vorkommende Erdwärme mittels Erdwärmesondenanlagen zur Wärmeversorgung eines Einfamilienhauses zu nutzen. Dazu müssen zunächst eine oder mehrere Tiefenbohrungen durchgeführt werden. Anschließend wird eine Erdwärmesonde mit einer Solefüllung in die Bohrung eingebracht, die die im Boden gespeichert Wärme aufnimmt. Über eine Wärmepumpe wird die Temperatur erhöht und kann anschließend zu Heizzwecken genutzt werden. Eine möglichst exakte Planung und Auslegung verhindert, dass die Erdwärmesondenanlage über- oder unterdimensioniert ist. Vor der Durchführung der Tiefenbohrung muss eine Genehmigung bei der zuständigen Behörde beantragt werden, nach der Bohrung muss oftmals eine Dokumentation vorgelegt werden. Risiken dieser Technologie teilen sich in geologische, technische und ökonomische Risiken. Die größten Probleme können sich durch massive Grundwasserverschmutzung und unvorhersehbaren Bodenreaktionen ergeben. Bei einer Analyse von Kosten und Wirtschaftlichkeit wird erkannt, dass eine Erdwärmesondenanlage zwar höhere Investitionskosten, aber wesentlich niedrigere Betriebskosten als andere Heizsysteme aufweist. Als grundsätzliches Ergebnis dieser Arbeit kann festgehalten werden, dass eine Tiefenbohrung und die Nutzung der thermischen Energie des Untergrundes eine sinnvolle und wirtschaftliche Alternative sind, wenn massive Grundwassergefährdungen ausgeschlossen werden können.

1 Erdwärmeheizung als Alternative zu fossilen Heizsystemen

Die Verknappung fossiler Rohstoffe, insbesondere von Erdöl und Erdgas, aber auch von Kohle, stellt ein in der heutigen Zeit viel diskutiertes Thema dar. Schätzungen zufolge sind die Erdölreserven nach heutigem Stand spätestens in 140 Jahre aufgebraucht, die maximale Reichweite von Erdgas liegt bei etwa 260 Jahren[2]. Darin eingerechnet sind allerdings auch schon der kosten- und arbeitsintensive Abbau von Ölsanden, Ölschiefern und Schwerstölen sowie die Gewinnung von Erdgas aus extrem dichtem Gestein. Die parallel dazu steigende Nachfrage, vor allem aus Entwicklungs- und Schwellenländern, wird zukünftig zwangsläufig zu immer stärkeren Preissteigerungen führen. Damit wird der Trend der letzten Jahre fortgesetzt, nach dem sich Erdöl und Erdgas deutlich verteuerten. Wie in Bild 1 ersichtlich wird, haben sich die Kosten für Heizöl seit 2002 fast verdreifacht, während die Erdgaspreise um mehr als 60 Prozent angestiegen sind.

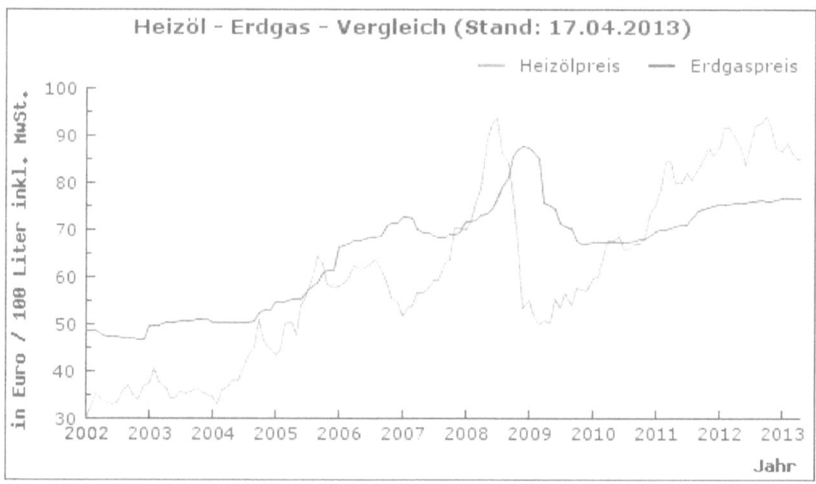

Bild 1: Vergleich der Heizöl und Erdgaspreise seit 2002[3]

[2] Siehe www.erdoel-erdgas.de/Themen/Rohstoffe/Reichweite-fossiler-Rohstoffe

[3] Aus www.fastenergy.de/GLOBAL_PICS/heizoel_gas_chart.png

Heizsysteme auf Basis fossiler Energieträger werden durch diese Entwicklung immer teurer und unrentabler. Auf der Suche nach Alternativen wird im Zuge der Bemühungen um den Klimaschutz und der Bestrebungen zur Schonung endlicher Ressourcen der Fokus mehr und mehr auf regenerative Energien gelegt. Eine interessante Option ist dabei die Erschließung von Umgebungswärme, zu der unter anderem auch das Potential der Erdwärme zählt. Der nutzbare Wärmestrom aus dem Erdinneren ist dabei rund um die Uhr vorhanden und unterliegt nicht der Fluktuation anderer regenerativer Energiesysteme wie Windkraft oder Solarenergie. Erdwärme ist ein so genannter bergfreier Bodenschatz, dessen Nutzungsrechte beim Staat liegen. Die staatliche Konzession entfällt jedoch, wenn Erdwärme unter einem Grundstück für die Nutzung auf demselben Grundstück gewonnen wird[4]. In Bild 2 ist eine Übersicht über die verschiedenen Technologien zur Nutzung der Erdwärme dargestellt. Man unterscheidet zwischen tiefer und oberflächennaher Geothermie.

[4] Dieser Grundsatz gilt jedoch nur bei Bohrtiefen bis 100 m (vgl. Kapitel 4)

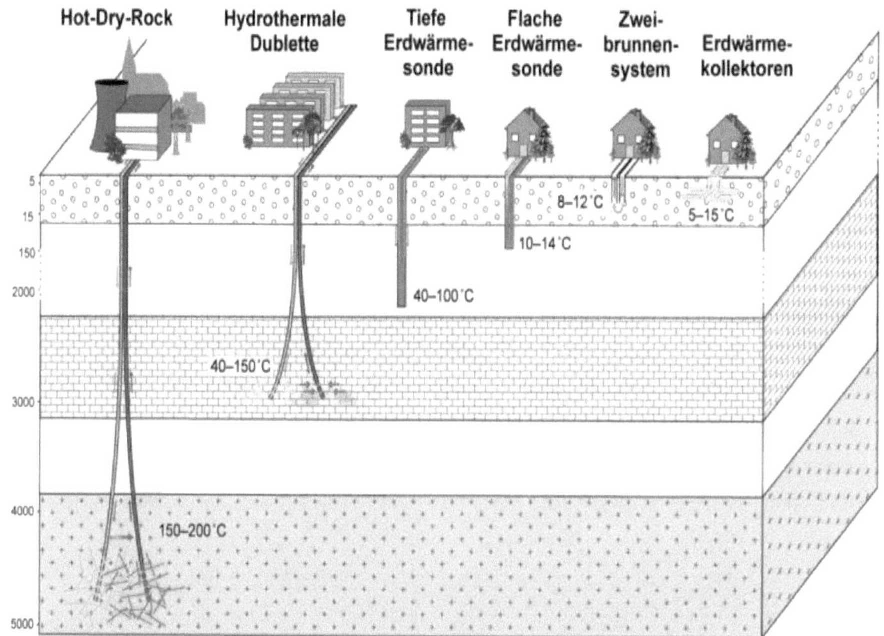

Bild 2: Übersicht über verschiedene Technologien zur Erdwärmenutzung[5]

Die erfolgversprechendste Option zum Heizen und zur Warmwasserbereitung von Einfamilienhäusern bietet dabei eine in Verbindung mit einer Tiefenbohrung eingesetzte flache Erdwärmesonde, die mit einer Wärmepumpe gekoppelt ist. Erdwärmesonden entziehen dem Erdreich Wärme, die dann mit einer Wärmepumpe über einen Verdichter konzentriert und über einen Wärmetauscher als Heizenergie zur Verfügung steht.

Die Temperaturen betragen in 20 Metern Tiefe konstant 8 bis 12 °C. Pro 100 Meter in Richtung Erdinnerem nimmt die Temperatur weiterhin um circa 3 °C zu. Dies be-

[5] Aus www.lfu.bayern.de/geologie/geothermie

deutet, dass große Mengen Energie im Boden gespeichert sind, die zum Betrieb von Erdwärmesondenanlagen zur Verfügung stehen. Neben dem Heizen und der Warmwasserbereitung können die Anlagen im Sommer auch zur Kühlung des Gebäudes genutzt werden, indem überschüssige Wärme aus dem Haus über die Wärmepumpe zurück ins Erdreich geführt und die Auskühlung des Erdreiches reguliert wird.

Erdwärmesonden werden in vertikalen Bohrungen installiert. Im Sondenkreislauf zirkuliert eine Wärmeträgerflüssigkeit, die im tieferen Sondenbereich die im Untergrund gespeicherte Wärme aufnimmt. In einem Wärmetauscher wird der Flüssigkeit (Primärkreislauf) Wärme entzogen. Über eine Wärmepumpe (Sekundärkreislauf) wird die Temperatur erhöht und die gewonnene Wärme zu Heizzwecken verwendet. Erdwärmesonden sind mit dichter Ringraumfüllung über die gesamte Länge der Bohrung auszuführen. Die Ringraumfüllung stabilisiert die Sonde im Bohrloch und überträgt durch den direkten Kontakt die Wärme vom Gestein und ggf. vom Grundwasser auf die Sonde. In Bild 3 ist das Prinzip einer derartigen Erdwärmesondenanlage dargestellt.

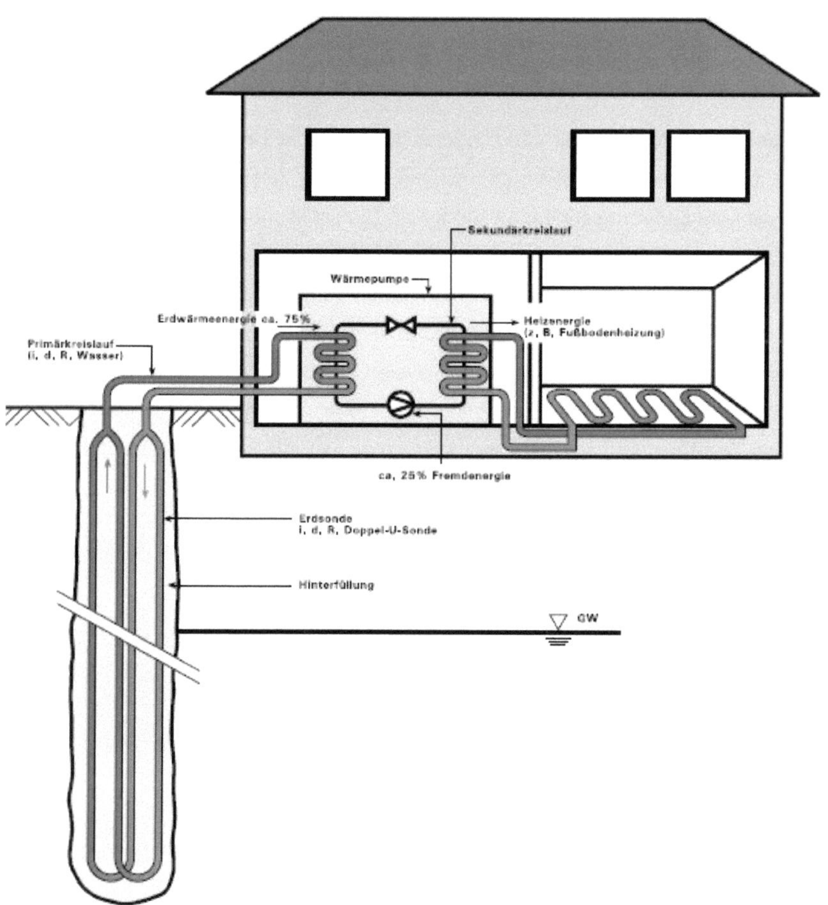

Bild 3: Schematisches Prinzip einer Erdwärmesondenanlage[6]

Bei einer Erdwärmesondenanlage müssen die einzelnen Teile exakt aufeinander abgestimmt sein, um maximale Energieeffizienz zu gewährleisten. Energiequelle und Wärmepumpe müssen zueinander passen. Die Wärmepumpe selbst muss wiederum

[6] Aus Leitfaden zur Nutzung von Erdwärme mit Erdwärmesonden, 2005, S. 8

an die Anforderungen angepasst sein, die das Haus stellt und die man im Hinblick auf Wohnqualität und persönlichen Komfort erwartet.

Im Zuge dieser Studienarbeit wird zunächst näher auf die Technik von Tiefenbohrung, Erdwärmesonde und Wärmepumpe eingegangen. Anschließend folgt ein Beispiel, wie eine Erdwärmesondenanlage für ein Einfamilienhaus überschlägig ausgelegt werden kann. Es werden die rechtlichen Grundlagen und die Vorgehensweise bei Beantragung und Genehmigung von Tiefenbohrungen aufgezeigt. Auch die Probleme und Risiken dieser Technologie werden diskutiert. Mittels einer Kostenzusammenstellung wird die Wirtschaftlichkeit analysiert und die Amortisationszeit abgeschätzt. Abschließend soll ein Fazit gezogen werden, ob und unter welchen Umständen eine Tiefenbohrung zur Wärmeversorgung eines Einfamilienhauses empfehlenswert und rentabel ist.

2 Technik der Erdwärmesondenanlagen

2.1 Durchführen einer Tiefenbohrung

Für die Energieversorgung eines Einfamilienhauses werden in der Regel eine bis drei Tiefenbohrungen benötigt. Anzahl und Tiefe der Bohrungen werden in der Auslegung (siehe Kapitel 3) festgelegt. Mit der Durchführung der Bohrung dürfen nur Fachfirmen beauftragt werden, die nach DVGW W120 zertifiziert sind oder ein Gütesiegel für Erdwärmesonden-Bohrfirmen (z.B. "D-A-CH-Gütesiegel für Erdwärmesonden-Bohrfirmen") besitzen. Vom Bohrunternehmen ist bei der Durchführung große Vorsicht walten zu lassen, sodass unnötige Beeinträchtigungen des Untergrundes vermieden werden. Die oben genannten Zertifikate und Gütesiegel sollen helfen, eine korrekte Ausführung sicherzustellen.

Da sich Erdwärmesonden bei zu geringem Abstand gegenseitig beeinflussen können, muss bei der Tiefenbohrung zur Vermeidung negativer Einflüsse ein Mindestabstand von sechs Metern zur benachbarten Sonde eingehalten werden. Es müssen außerdem mindestens drei Meter Abstand zur Grundstücksgrenze eingehalten werden, fünf Meter sind zu empfehlen.

Für die Herstellung von Erdwärmesondenbohrungen finden hauptsächlich das Imlochhammerbohrverfahren und das Rotationsnassspülbohrverfahren Anwendung[7]. Bei einer Imlochhammerbohrung wird die zur Gesteinslösung benötigte Energie in Form von Druckluft (25-30 bar) von Hochdruckkompressoren erzeugt. Ein zusätzlich eingebrachter Luftvolumenstrom fördert das Bohrgut zu Tage. Das Imlochhammerbohrverfahren kann aufgrund der fehlenden Stützwirkung von Luft nur bei stabilen Bodenverhältnissen oder bei weniger stabilem Erdboden unter Einbringen einer fortlaufenden Stützverrohrung eingesetzt werden. Die maximalen Bohrtiefen beim Einsatz von Verrohrungen betragen 70 bis 100 Meter[8]. Bei feinkörnigen Sedimenten und

---

[7] Vgl. auch Berli, Heizen und Kühlen mit geothermischer Energie, 2008, S. 38

[8] Siehe Berli, Heizen und Kühlen mit geothermischer Energie, 2008, S. 39

empfindlichen, lockeren Bodenstrukturen ist das Imlochhammerbohrverfahren nicht zur Anwendung geeignet.

Bei instabilen, aber vor allem auch bei unbekannten Untergrundverhältnissen wird das Rotationsnassspülbohrverfahren angewendet. Dabei wird mittels eines hydraulisch betriebenen Kraftdrehkopfes der Bohrer in Rotation versetzt und Druck auf das Gestein aufgebracht. Das verbohrte Gestein wird durch Einbringen einer Bohrspülung ausgetragen. Aufgrund des sehr langsamen Fortschritts der Bohrung ist ein Einsatz des Rotationsnassspülbohrverfahren bei festen und stabilen Bodenverhältnissen nicht empfehlenswert. In Tabelle 1 ist eine Eignung der beiden Bohrverfahren bei verschiedenen Bodenverhältnissen zusammengestellt.

Tabelle 1: Eignung von Imlochhammerbohrverfahren und Rotationsnassspülbohrverfahren bei verschiedenen Bodenverhältnissen[9]

	Fels	Moräne	Sand/Kies	Silt/Ton
Imlochhammer ohne Verrohrung	gut	mittel	schlecht	schlecht
Imlochhammer mit Verrohrung	nicht notwendig	gut	mittel	schlecht
Rotationsspülbohrung	schlecht	mittel	gut	gut

Der Bohrdurchmesser ist so zu wählen, dass um die Sonde ein Ringraum von mindestens 30 mm verbleibt. Dadurch können Komplikationen beim Sondeneinbau vermieden und eine zuverlässige Abdichtung erreicht werden. Die Durchmesseruntergrenze für die standardmäßig eingesetzte Doppel-U-Sonde (siehe Kapitel 2.2) beträgt 120 mm, empfohlen werden 150 mm[10].

Die Hohlräume zwischen den Rohren und dem Erdreich werden entsprechend dem Untergrund mit einem gut wärmeleitenden Material verdichtet und verpresst, um die Erdwärme möglichst effektiv an den Solekreis abzugeben. Es ist besonders darauf

---

[9] Aus Berli, Heizen und Kühlen mit geothermischer Energie, 2008, S. 39

[10] Siehe Leitfaden zur Nutzung von Erdwärme mit Erdwärmesonden, 2005, S. 19

zu achten, dass die Verfüllung von oben nach unten erfolgt, um Lufteinschlüsse zu vermeiden. Das eingebrachte Material muss dabei hygienisch unbedenklich und chemisch grundwasserneutral sein. Ein geeignetes Material, das diese Eigenschaften besitzt, ist beispielsweise ein Bentonit-Zement mit einem Mindestgehalt von vier Prozent Montmorillonit[11]. Durch eine mittels eines Injektionsrohres langsame und sorgfältige Einbringung der Zementmischung werden alle Ritzen und Spalten aufgefüllt. Weiterhin werden eine vollständige Verbindung der Erdwärmesondenanlage mit dem umgebenden Erdreich, eine Abdichtung der wasserführenden Schichten gegeneinander sowie ein Wärmeschluss erreicht und die Erdwärmesondenanlage geschützt. Da Lebensdauer, Effizienz und Unschädlichkeit der Erdwärmesonde im Wesentlichen von der korrekt eingebrachten Zementation abhängen, ist diese als besonders wichtiger Aspekt der Bauphase einzustufen.

2.2 Aufbau und Funktion der Erdwärmesonde

Nach Abschluss der Tiefenbohrung wird die Erdwärmesonde eingebracht. Vertikale Erdwärmesonden sind hervorragend geeignet, Erdwärme zu nutzen, da sie dem Gestein auf einer großen Länge Wärme entziehen und im Vergleich zu anderen oberflächennahen Nutzungsformen der Geothermie wie Flächenkollektoren oder Energiepfählen einen sehr geringen Platzbedarf aufweisen. Dadurch sind sie auch auf kleinen Grundstücken einsetzbar.

Der Bau von Erdwärmesonden hat entsprechend den technischen Vorschriften und Regeln, insbesondere der VDI-Richtlinie 4640 zu erfolgen. Die standardmäßig eingesetzte Doppel-U-Sonde besteht aus zwei U-förmigen Rohrschlaufen. Bild 4 zeigt eine Prinzipdarstellung einer Doppel-U-Rohrsonde.

---

[11] Vgl. Leitfaden zur Nutzung von Erdwärme mit Erdwärmesonden, 2005, S. 19. Bei Montmorillonit handelt es sich um Silikat-Mineral, das hier als Bindemittel dient.

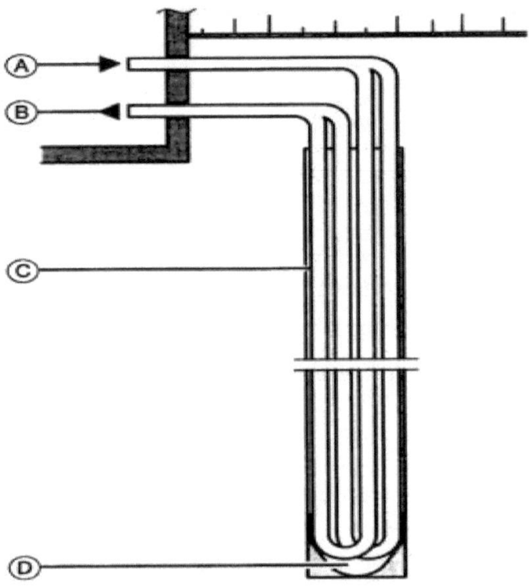

Bild 4: Prinzipdarstellung einer Doppel-U-Rohrsonde[12]

Der Rohrdurchmesser muss so gewählt werden, dass das Wärmeträgermedium bei minimaler Pumpleistung noch turbulent durchströmt wird. Standard bei tiefen Erdwärmesonden ist ein Durchmesser von 32 mm (DN32). Sind mehrere Sonden notwendig, werden sie über eine Sammelleitung oder Verteiler zusammengefasst und an die Wärmepumpe angeschlossen. In regelmäßigen Abständen eingesetzte Abstandshalter verbessern die Übertragungsleistung der Energie und vermindern den

[12] Aus www.innius.de/planung/regenerative-energien/geothermieanlagen

thermischen Kurzschluss zwischen Vor- und Rücklauf des Wärmeträgermediums. Im Fall eines Druckabfalls im Sondenkreislauf (z.B. durch Leckagen) muss die Anlage automatisch abschalten, sodass einmalig nur eine geringe Menge der Wärmeträgerflüssigkeit austreten kann.

Die verwendeten Materialien der Sonde müssen dicht und beständig gegenüber der Wärmeträgerflüssigkeit und dem eventuell anstehenden Grundwasser sein. Es werden dazu zumeist Rohre aus Polyethylen eingesetzt. Dabei hat Polyethylen eine für einen Wärmetauscher unüblich geringe Wärmeleitfähigkeit von nur 0,4 W/(m · K)[13]. Durch die mechanischen Werkstoffeigenschaften und die lange Materiallebensdauer, die aus der hervorragenden Chemikalien- und Korrosionsbeständigkeit entsteht, eignet sich Polyethylen dennoch als Sondenmaterial.

Die Wärmeübertragung aus der Erde bzw. dem Grundwasser erfolgt über ein im geschlossenen Sondenkreislauf zirkulierendes Wärmeträgermedium. Als Wärmeträgermittel sollten bevorzugt Stoffe verwendet werden, die nicht oder nur gering wassergefährdend sind. In der Regel werden Wasser-Glykol-Gemische (Sole) eingesetzt. Die Sole wird durch die Aufnahme von Wärme aus dem Erdboden auf ein geeignetes Temperaturniveau angehoben und gibt die aufgenommene Energie an den Verdampfer der Wärmepumpe (siehe Kapitel 2.3) ab.

2.3 Funktionsweise einer Wärmepumpe[14]

Die Funktionsweise einer Wärmepumpe beruht auf dem Prinzip, dass die Siedetemperatur von Reinstoffen mit steigendem Druck zunimmt. In Dampfdruckkurven verschiedener Stoffe ist dieser Zusammenhang ersichtlich. Der Anstieg der Siedetemperatur als thermodynamische Eigenschaft wird in Kühlschränken zur Kälteerzeugung oder durch Kaltdampf-Wärmepumpen zum Heizen von Wohnungen genutzt. In beiden Fällen handelt es sich um einen Kälteprozess. Der Unterschied zwischen Wär-

[13] Siehe Eugster, Erdwärmesonden, 1991, S. 4

[14] Vgl. vor allem auch Mund, Vorlesungs- und Laborunterlagen zur Wärmepumpentechnik

mepumpe und Kältemaschine (Kühlschrank) liegt lediglich im Temperaturbereich, in dem die beiden zu Grunde liegenden Prozesse stattfinden. Kältemaschinen entziehen dem Raum (im Falle eines Kühlschrankes das Innere des Kühlschrankes) einen Wärmestrom und geben die aufgenommene Wärme vergrößert um die eingebrachte Leistung als Wärmestrom an die Umgebung ab. Auf diese Weise wird der Raum auf einem Temperaturniveau unterhalb der Umgebungstemperatur gehalten.

Im Gegensatz dazu läuft der Wärmepumpenprozess bei Temperaturen ab, die über der Umgebungstemperatur liegen. Die der Umgebung entzogene Energie wird auf ein höheres Temperaturniveau gebracht und steht als Heizwärmestrom zur Verfügung. Somit stellt der Wärmepumpenprozess eine Umkehrung des Wärmekraftprozesses dar, bei dem die Energie auf einem Temperaturniveau weit über der Umgebungstemperatur aufgenommen wird. Bei der Verbrennung von Öl oder Gas in Verbrennungs-motoren handelt es sich beispielsweise um einen solchen Wärmekraftprozess.

Für die Funktion einer Erdwärmepumpe sind drei verschiedene Kreislaufsysteme von Bedeutung. Zunächst nimmt der Solekreislauf Wärme aus seiner Umgebung auf (vgl. Kapitel 2.2). Die aufgenommene Wärme wird über einen Wärmetauscher (Verdampfer) dem Kältemittelkreislauf zugeführt. Als Kältemittel wurden in der Vergangenheit vor allem teilweise halogenisierte Fluorkohlenwasserstoffe eingesetzt. Diese werden allerdings als stark umweltgefährdend eingestuft, weshalb sie neuerdings durch Propan, Propen, Ammoniak oder Kohlenstoffdioxid ersetzt werden[15].

Durch die Wärmeaufnahme verdampft das zuvor flüssige Kältemittel. Der entstehende Kältemitteldampf wird im Kompressor verdichtet und so auf ein hohes Druck- und Temperaturniveau gebracht. Dazu muss dem Verdichter mechanische Energie zugeführt werden. Im anschließenden zweiten Wärmetauscher, dem Verflüssiger, wird der Kältemitteldampf durch Wärmeabgaben an den Heizkreislauf zunächst auf die dem Druck entsprechende Kondensationstemperatur abgekühlt und anschließend verflüssigt.

[15] Vgl. auch www.auew.de/index.php?plink=waermepumpen

Der Druck des Kältemittels wird im Entspannungsventil (Drossel) abgesenkt. Dabei wird keine thermische oder mechanische Energie mit der Umgebung ausgetauscht. Das Kältemittel wird nun wieder dem Verdampfer zugeführt, der Kältekreislauf ist geschlossen. In Bild 5 wird das Funktionsschema einer Wärmepumpe gezeigt.

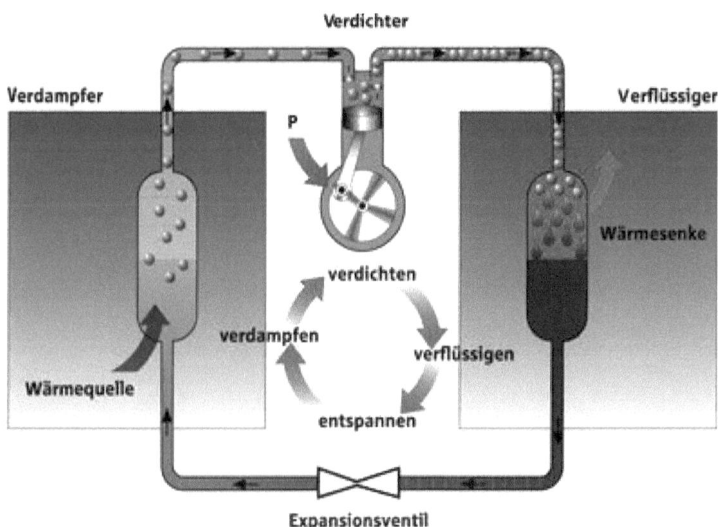

Bild 5: Funktionsschema einer Wärmepumpe[16]

Zusammenfassend kann der Wärmepumpenprozess durch folgende Zustandsänderungen charakterisiert werden:

a) Verdampfen: Aufnahme von thermischer Energie (Wärmestrom aus dem Solekreislauf)
b) Verdichten: Aufnahme von mechanischer Energie (z.B. durch Elektromotor erzeugt)

[16] Aus www.auew.de/index.php?plink=funktionsweise-waermepumpe

c) Verflüssigen: Abgabe von thermischer Energie (als Nutzwärme an den Heizkreislauf)
d) Entspannen: Druckabsenkung (Kein Austausch von mechanischer und thermischer Energie)

Damit ein Wärmefluss von der Wärmequelle zum Heizkreislauf möglich ist, muss das Temperaturniveau des Solekreislaufes unterhalb der Temperatur der Wärmequelle (Erdboden) liegen. Umgekehrt muss das Temperaturniveau des Kältemittelkreislaufs über die Temperatur der Heizungskreislaufes angehoben werden.

3 Auslegung einer Erdwärmesondenanlage für ein Einfamilienhaus

Im diesem Kapitel wird aufgezeigt, wie eine Erdwärmesondenanlage überschlägig ausgelegt werden kann. Zusätzlich zur folgenden Auslegung ist jedoch noch eine exakte Planung und Berechnung der Erdwärmesondenanlage nötig. Ansonsten kann bei zu klein dimensionierten Anlagen die Heizleistung nicht erbracht werden, während überdimensionierte Anlagen im Teillastbereich und somit uneffektiv und mit höherem Verschleiß arbeiten.

Um eine Erdwärmesondenanlage auslegen zu können, muss zunächst der Energiebedarf des Gebäudes, meist Heizleistung genannt, ermittelt werden. Maßgeblich dabei ist neben der gewünschten Temperatur im Gebäude und dem Warmwasserbedarf auch die Qualität der Dämmung. Wie in Bild 6 deutlich wird, nimmt die benötigte Vorlauftemperatur[17] und damit auch die Heizleistung mit besserer Dämmung ab. Durch moderne Fenster mit Wärmeschutzglas können Vorlauftemperatur und Heizleistung weiter abgesenkt werden.

[17] Die Vorlauftemperatur ist die Temperatur des Wärmeträgermediums (i. d. R. Wasser) des Heizkreislaufes.

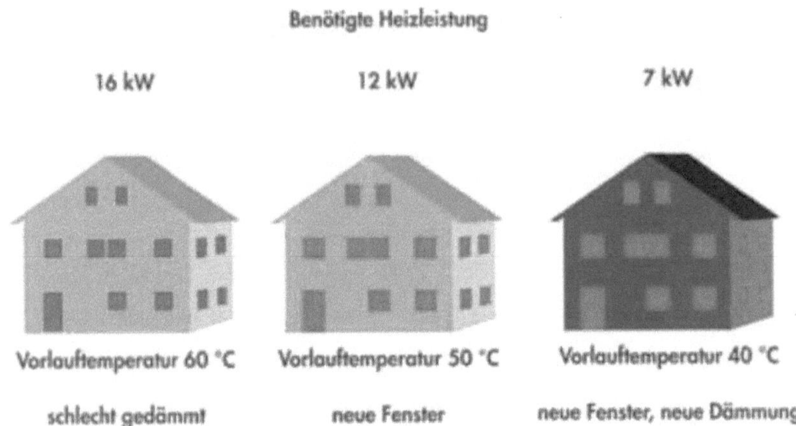

Bild 6: Vorlauftemperatur und Heizleistung in Abhängigkeit von der Gebäudedämmung[18]

Erdwärmesonden arbeiten mit niedrigen Vorlauftemperaturen. Meist rentiert sich eine Erdwärmesondenanlage nur, wenn die Vorlauftemperaturen auf der Heizungsseite maximal 45 °C betragen[19].

Bei bestehenden Heizungsanlagen kann der Wärmebedarf (Heizleistung) überschlägig aus dem bisherigen Energiebedarf berechnet werden. Wird beispielsweise ein Heizsystem auf Heizölbasis durch eine Erdwärmesondenanlage ersetzt, so berechnet sich die Heizleistung überschlägig nach folgender Formel[20]:

$$P_N = \frac{\text{Ölverbrauch}\ [\frac{l}{a}]}{250\ [\frac{l}{a*kW}]} \qquad (1)$$

[18] Aus GtV, Erdwärme-Tipps für Hausbesitzer und Bauherren, S.12

[19] Siehe auch GtV, Erdwärme-Tipps für Hausbesitzer und Bauherren, S.9

[20] Siehe Dimplex, Praxishandbuch, 2009, S. 10

Parallel dazu berechnet sich die Heizleistung bei Erdgasheizungen aus dem Gasverbrauch:

$$P_N = \frac{Erdgasverbrauch\,[\frac{m^3}{a}]}{250\,[\frac{m^3}{a*kW}]} \qquad (2)$$

Eine überschlägige Ermittlung der Heizleistung für neu zu errichtende Anlagen ist über die zu beheizende Wohnfläche und den spezifischen Wärmebedarf möglich. Der spezifische Wärmebedarf resultiert aus der Wärmedämmung des Hauses. Schätzwerte können aus Tabelle 2 entnommen werden.

Tabelle 2: Spezifische Wärmebedarfswerte (überschlägig)[21]

$\dot{q}$ = 0,03 kW/m²	Niedrigstenergiehaus
$\dot{q}$ = 0,05 kW/m²	nach Wärmeschutzverordnung 95 bzw. Mindestdämmstandard EnEV
$\dot{q}$ = 0,08 kW/m²	bei normaler Wärmedämmung des Hauses (ab ca. 1980)
$\dot{q}$ = 0,12 kW/m²	bei älterem Mauerwerk ohne besondere Wärmedämmung.

Die Formel für die Ermittlung der Heizleistung lautet dann[22]:

$$P_N = A * q \qquad (3)$$

Die meisten Energieversorgungsunternehmen bieten für Erdwärmesondenanlagen spezielle Tarife mit günstigen Strompreisen an (vgl. auch Kapitel 6). Diese Sonderabkommen sind jedoch an die Bedingung geknüpft, dass die Wärmepumpe bei Lastspitzen im Versorgungsnetz abgeschaltet und zugesperrt werden kann. Während der

[21] Aus Dimplex, Praxishandbuch, 2009, S. 12

[22] Vgl. Dimplex, Praxishandbuch, 2009, S. 12

Sperrzeiten steht die Wärmepumpe nicht zum Beheizen des Gebäudes zur Verfügung. In der Regel betragen die Sperrzeiten zwischen zwei und sechs Stunden. Je nach Sperrzeitdauer muss die Anlage entsprechend größer dimensioniert werden, damit auch dann genügend Energie zur Verfügung steht. Typische Dimensionierungsfaktoren für Sperrzeiten zwischen zwei und sechs Stunden sind in Tabelle 3 dargestellt.

Tabelle 3: Dimensionierungsfaktor zur Berücksichtigung von Sperrzeiten[23]

Sperrdauer (gesamt)	Dimensionierungsfaktor
2 h	1,1
4 h	1,2
6 h	1,3

Die Heizleistung, für die die Wärmepumpe ausgelegt werden muss, berechnet sich dann zu:

$$P_{N,\,Ausl.} = P(N) * f \tag{4}$$

Die berechnete Heizleistung wird sowohl durch die Wärmemenge, die die Sonde dem Boden entzieht (Kälteleistung), als auch durch die Energie, die dem Verdichter zugeführt werden muss, erbracht. Über das Verhältnis der gesamten zugeführten Energie (Kälteleistung und zugeführte Energie) zur aufgenommenen Energie, die dem Verdichter in der Regel als elektrische Arbeit zugeführt wird, kann die Jahresarbeitszahl berechnet werden. Diese stellt ein Kriterium zur Bewertung der Effizienz einer Wärmepumpe da und ist auch eine wichtige Größe für eventuelle staatliche Förderung (siehe auch Kapitel 6). Die Jahresarbeitszahl berechnet sich wie folgt[24]:

$$JAZ = \frac{Q(zu)}{Q(el)} \tag{5}$$

[23] Aus Dimplex, Praxishandbuch, 2009, S. 12

[24] Vgl. www.haustechnikdialog.de/shkwissen/437/Arbeitszahl-Jahresarbeitszahl-JAZ

Eine Jahresarbeitszahl von 4 bedeutet, dass drei Viertel des Wärmebedarfes aus dem Boden entnommen werden und ein Viertel dem Verdichter in Form von elektrischer Energie zugeführt wird.

Um anschließend die Bohrtiefe der Tiefenbohrung zu bestimmen, muss zudem die spezifische Entzugsleistung der Erdwärmesonde möglichst genau bekannt sein. Die spezifische Entzugsleistung liegt in der Regel zwischen 20 und 100 W/m und hängt von der Beschaffenheit des Untergrundes und der Zahl der Betriebsstunden ab. Die spezifische Entzugsleistung sinkt mit steigender Betriebsstundenzahl, da der Boden bei längerer Nutzung stärker auskühlt. In Tabelle 4 sind spezifische Entzugsleistungen für verschieden Untergrundarten und Betriebszeiten dargestellt.

Tabelle 4: Spezifische Entzugsleistungen von Erdwärmesonden[25]

UNTERGRUND	SPEZIFISCHE ENTZUGSLEISTUNG FÜR 1800 h	FÜR 2400 h
ALLGEMEINE RICHTWERTE:		
Schlechter Untergrund, trockenes Sediment (λ < 1,5 W/mK)	25 W/m	20 W/m
Normales Festgestein und wassergesättigtes Sediment (λ =1,5-3,0 W/mK)	60 W/m	50 W/m
Festgestein mit hoher Wärmeleitfähigkeit (λ > 3,0 W/mK)	84 W/m	70 W/m
EINZELNE GESTEINE:		
Kies, Sand, trocken	<25 W/m	<20 W/m
Kies, Sand, wasserführend	65 - 80 W/m	55 - 65 W/m
Starker Grundwasserfluss in Sand und Kies, für Einzelanlagen	80 - 100 W/m	80 - 100 W/m
Ton, Lehm feucht	35 - 50 W/m	30 - 40 W/m
Kalkstein (massiv)	55 - 70 W/m	45 - 60 W/m
Sandstein	65 - 80 W/m	55 - 65 W/m
Saure Magmatite (z.B. Granit)	65 - 85 W/m	55 - 70 W/m
Basische Magmatite (z.B. Basalt)	40 - 65 W/m	35 - 55 W/m
Gneis	70 - 85 W/m	60 - 70 W/m

Die Bohrtiefe kann nun noch folgender Formel berechnet werden:

$$L_B = \frac{Q(zu) - Q(el)}{p(s)} \qquad (6)$$

Wird bei dieser Berechnung eine Bohrtiefe von mehr als 100 m ermittelt, so teilt man aus rechtlichen Gründen (siehe Kapitel 4) die benötigte Sondenlänge auf zwei oder mehr Bohrungen auf. Dabei muss jedoch beachtet werden, dass die Bohrlänge einer Bohrung nicht linear auf mehrere Bohrungen umgerechnet werden kann. So sind

[25] Aus VDI 4640, 1998, Blatt 2

beispielsweise anstelle einer Tiefenbohrung von 120 m, zwei Bohrungen mit je 75 m nötig, um den gleichen Effekt zu erzielen. Dies liegt an den höheren Temperaturen in größerer Tiefe (vgl. Kapitel 1). Zur Übertragung der Sondenlänge einer Bohrung auf mehrere können Nomogramme verwendet werden[26].

Eine genauere Planung der Anlage selbst sollte anschließend von einem Fachmann übernommen werden. Auf Grundlage der ermittelten Nutzer- und Gebäudewerte sowie der lokalen Geologie und Hydrologie wird die Anlage auf den betreffenden Untergrund abgestimmt und möglichst exakt dimensioniert. So kann eine langsame Auskühlung des Untergrunds und damit ein langfristiger und wirtschaftlicher Betrieb der Anlage erreicht werden.

[26] Vgl. auch Loose, Erdwärmenutzung, 2009, S. 67

4 Rechtliche Grundlagen, Beantragung und Genehmigung von Tiefenbohrungen

Das Wasserhaushaltsgesetzt (WHG) sowie länderspezifische Regelungen bilden die rechtlichen Grundlagen für die Errichtung und den Betrieb von Erdwärmesondenanlagen. Die folgenden Ausführungen gelten für Bohrtiefen bis 100 m. Bei größeren Bohrtiefen wird Erdwärme bereits als Bodenschatz eingestuft und man kommt mit dem Bundesberggesetz (BbergG) in Berührung.

Die Genehmigung der Tiefenbohrung muss beim Wasserwirtschaftsamt oder bei der zuständigen Kreisverwaltungsbehörde beantragt werden. Im Rahmen der Beantragung sind Anzahl und Tiefe der Bohrungen anzugeben. Weiterhin müssen die zu erwartende Schichtenfolge und Grundwasserstände vorgelegt werden. Informationen dazu können aus einschlägiger Literatur, geologischen bzw. hydrogeologischen Karten oder durch Erfahrungen benachbarter Bohrungen gewonnen werden. Bei unbekannten hydrogeologischen Verhältnissen kann ein geologisches Fachbüro oder eine Aufschlussbohrung die benötigten Kenntnisse bringen. Aus den Informationen wird dann ein voraussichtliches Schichtenprofil erstellt, in welches auch die vermuteten Grundwasserstände sowie die geplanten Bohrungen eingetragen werden.

Falls die geplanten Maßnahmen eine dauerhafte oder nicht unerhebliche, schädliche Veränderung der physikalischen, chemischen oder biologischen Beschaffenheit des Wassers herbeiführen können, so muss nach §7 WHG ein Erlaubnisverfahren eingeleitet werden. In jedem Fall findet aber eine wasserrechtliche Beurteilung der Lage der Tiefenbohrung statt. In Tabelle 5 sind die möglichen hydrogeologischen Lagen dargestellt.

Tabelle 5: Hydrogeologische Lagekriterien für die wasserrechtliche Beurteilung[27]

Hydrogeologische Lagekriterien:	***Trifft zu?***
➢ Lage im Wasserschutzgebiet oder Heilquellenschutzgebiet	
➢ Lage in Gebieten mit bestehenden Grundwassernutzungen, für die Trinkwasserqualität erforderlich ist	
➢ Eingriffe in gespanntes Grundwasser und in tiefere Grundwasserstockwerke	
➢ Eingriffe in gespanntes oberflächennahes Grundwasser sowie Bohrungen in Kluft- und Karstgrundwasserleiter oder Schotterkörper mit hoher Durchlässigkeit	
➢ Alle übrigen Gebiete (Gebiete ohne besondere Einschränkungen und mit günstigen hydrogeologischen Verhältnissen)	

Die aufgeführten Kriterien bilden die Grundlage für die wasserrechtliche Beurteilung und Prüfung, ob die Errichtung einer Erdwärmesonde zulässig ist und welches Genehmigungsverfahren durchzuführen ist. In bestimmten Wasserschutzgebieten werden Tiefenbohrungen nicht genehmigt. Bei ausreichendem Platzangebot kann dort auf Erdwärmekörbe und Erdwärmekollektoren zurückgegriffen werden. In anderen Wasserschutzzonen müssen bestimmte wasserrechtliche Anforderungen eingehalten werden, während Tiefenbohrungen in den meisten Lagen außerhalb von Wasserschutzgebieten keines speziellen Genehmigungsverfahrens bedürfen. Dort muss der Bau von Erdwärmesondenanlagen den Behörden nur angezeigt werden. In Bild 7 ist das Vorgehen zur wasserrechtlichen Behandlung von Erdwärmesonden in Abhängigkeit der hydrogeologischen Lage aufgezeigt.

---

[27] Vgl. Leitfaden zur Nutzung von Erdwärme mit Erdwärmesonden, 2005, S. 6 f.

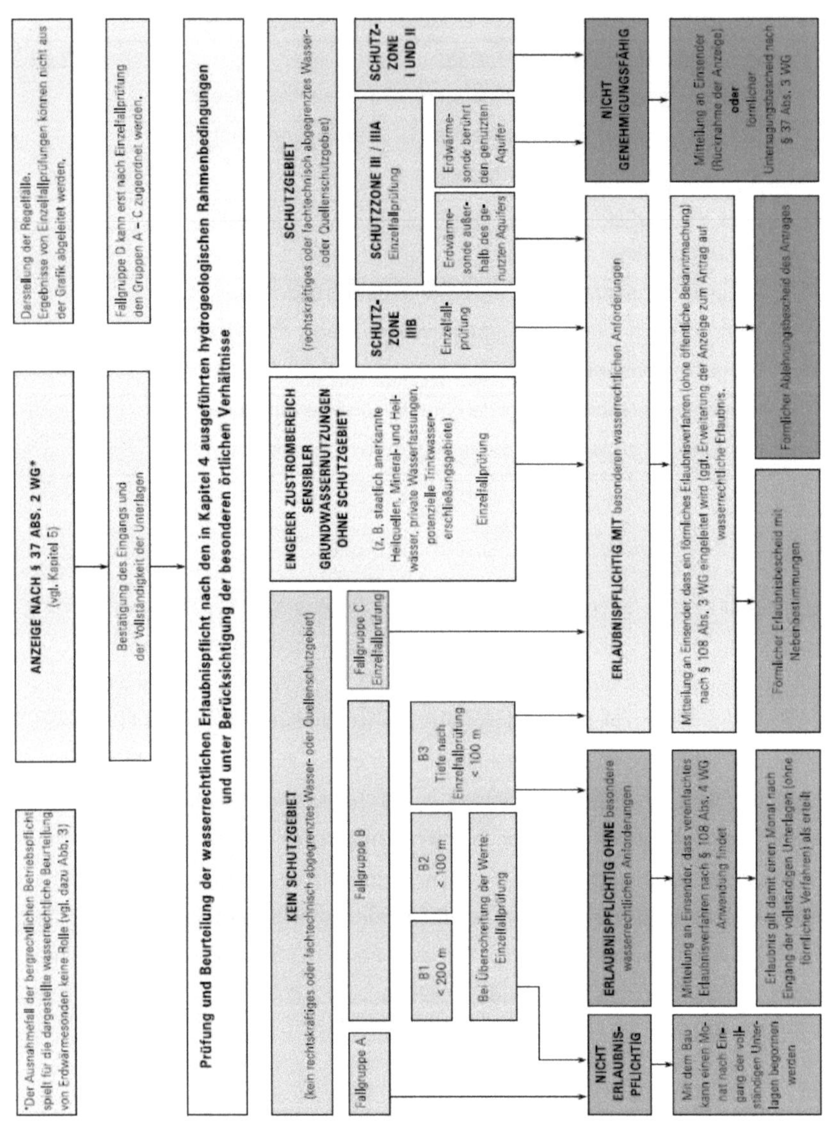

Bild 7: Schemaskizze zur wasserrechtlichen Behandlung von Erdwärmesonden[28]

[28] Aus Leitfaden zur Nutzung von Erdwärme mit Erdwärmesonden, 2005, S. 18

Wie bereits erwähnt müssen bei der Durchführung der Bohrung eine Vielzahl von DIN-Normen, technischen Richtlinien und allgemein anerkannten Regeln der Technik eingehalten werden (vgl. Kapitel 2.1). In Tabelle 6 sind die wichtigsten Normen und Richtlinien für eine Tiefenbohrung zusammengestellt. Zudem müssen die vom Gesetzgeber auferlegten Vorgaben des Wasserhaushaltsgesetzes zum Schutz der Gewässer und des Grundwassers erfüllt werden.

Tabelle 6: Übersicht über wichtige Normen und Richtlinien für Tiefenbohrungen[29]

Bezeichnung:	***Inhalt:***
VOB / Teil C	Allgemeine Technische Vertragsbedingungen für Bauleistungen
DIN 1831	Bohrarbeiten
DIN 18302	Brunnenarbeiten
VDI 4640	Thermische Nutzung des Untergrunds
DIN 4022-1 und DIN 4022-2	Baugrund und Grundwasser – Benennen und Beschreiben von Bodenarten und Fels; Schichtenverzeichnis für Untersuchungen und Bohrungen ohne durchgehende Gewinnung von gekernten Proben
DIN 18196	Erd- und Grundbau; Bodenklassifikation für bautechnische Zwecke und Methoden zum Erkennen von Bodengruppen
DIN 4023	Baugrund- und Wasserbohrungen; zeichnerische Darstellung der Ergebnisse

Der Bohrbeginn muss der zuständigen Behörde mindestens zwei Wochen vorher angezeigt werden, um ihr zu ermöglichen, bei der Bohrung vor Ort zu sein[30]. Von der

[29] Aus Hinweise zur Ausführung von Bohr- und Ausbauarbeiten für Gartenbrunnen, Entnahme-, Schluckbrunnen und Erdsonden, 2006, S. 5 f.

Firma, die die Tiefenbohrung durchführt, sind folgende, mit Unterschrift versehene Unterlagen zu erbringen:

- Bohr- und Ausbauprotokoll (Tagesberichte)
- Schichtenverzeichnis
- Ausbauplan
- Wasserstandsmessungen
- Verpressungen bzw. Verpressvolumen
- Druckprüfungen

Die Unterlagen müssen an den Bauherrn zur Dokumentation übergeben werden. Nach Fertigstellung der Bohrarbeiten muss eine vollständige und ausführliche Dokumentation inklusive eventueller Bodenproben bei der zuständigen Behörde abgegeben werden. Weiterhin ist der Bauherr verpflichtet, die ordnungsgemäße Erstellung und den ordnungsgemäßen Betrieb der Sondenanlage sicherzustellen.

[30] Vgl. Hinweise zur Ausführung von Bohr- und Ausbauarbeiten für Gartenbrunnen, Entnahme-, Schluckbrunnen und Erdsonden, 2006, S. 3

5 Probleme und Risiken der Technologie

Bei Tiefenbohrungen haftet in der Regel der Grundstückseigner für eventuelle Schäden am Untergrund. Die Bohrfirmen schließen von vorn herein jegliche Haftung für Bodenschäden aus, solange diese nicht auf klares Fehlverhalten während der Bohrung zurückzuführen sind[31]. Aus diesem Grund wird im Folgenden ausführlich auf Probleme und Risiken von Erdwärmesondenanlagen eingegangen.

Risiken im Zusammenhang mit der Durchführung einer Tiefenbohrung lassen sich in den verschiedensten Kategorien finden. Hierzu zählen beispielsweise geologische, technische und ökonomische Risiken[32]. Geologische Risiken liegen vor allem in einer massiven Beeinträchtigung des Grundwassers und in nicht beherrschbaren Baugrundreaktionen.

Bei der Tiefenbohrung besteht die Gefahr, dass verschiedene Grundwasserstockwerke kurzgeschlossen werden und dadurch ein stockwerksübergreifender Grundwasseraustausch ermöglicht wird. Dabei kommt es zu qualitativen und quantitativen Veränderungen des Grundwasservorkommens in den einzelnen Stockwerken. Um dies zu vermeiden, sollten Erdwärmesonden die Basis des obersten Grundwasserleiters möglichst nicht durchstoßen. Risikobehaftet sind insbesondere auch Bohrungen in hochdurchlässige Grundwasserleiter oder in Karstgrundwasserleiter, wo hohe Grundwasserfließgeschwindigkeiten auftreten. Dort können durch den Bohr- und Ausbauvorgang Spülungs- und Sedimentationsverluste, Schadstoffeinträge, Eintrübungen sowie chemische und mikrobiologische Verunreinigungen in das abströmende Grundwasser gelangen. Auch bei der Verpressung des Ringraumes mit Dichtungsmaterial kann die Grundwasserqualität beeinträchtigt werden. Die Bentonit-Suspension kann in größeren Mengen in die Spalten und Hohlräume der hochdurchlässigen Grundwasserleiter gelangen. Es besteht zudem die Gefahr, dass Fließwege des Grundwassers abgedichtet werden.

---

[31] Siehe z.B. www.tiefenbohrung.de/leistungen.php

[32] Vgl. Englert et al., Geothermie als Energiequelle , 2011, S. 56

Nicht minder problematisch ist das Risiko der nicht beherrschbaren Bodenreaktionen, die in bestimmten Bodenformen wie Gipskeuper häufiger vorkommen. Zu schweren Schädigungen des Untergrunds kann es immer dann kommen, wenn dort unbekannte, offene Lösungshohlräume vorhanden sind. In Bild 8 ist beispielhaft ein Gipskeuperboden mit verschiedenen Formen offener Lösungshohlräumen dargestellt.

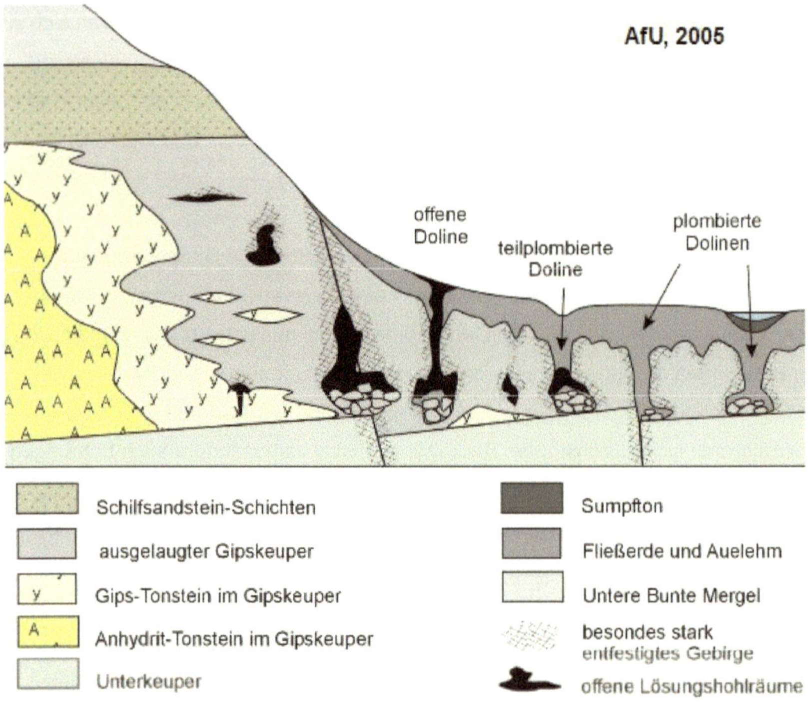

Bild 8: Bodenprofil mit offenen Lösungshohlräumen[33]

[33] Aus Sass, Oberflächennahe Geothermie, 2010, S. 17

Werden nicht bekannte, offene Lösungshohlräume bei der Tiefenbohrung angebohrt, so kann es zur Ausweitung der Hohlraumbildung und in Folge dessen zu Erdrutschen und Erdfällen kommen. Wird dabei der Untergrund, der das zur Erdwärmesondenanlage gehörende Gebäude oder benachbarte Gebäude trägt, stark beschädigt, sind strukturelle Gebäudeschäden zu befürchten. In Bild 9 ist eine durch Tiefenbohrung hervorgerufene Gebäudeschädigung abgebildet. Diese Schäden können im schlimmsten Falle eine Einsturzgefährdung des betroffenen Gebäudes hervorrufen.

Bild 9: Gebäude mit strukturellen Schäden durch Erdfälle als Folge einer Tiefenbohrung[34]

Technische Probleme können sowohl während des Bohrvorgangs als auch im Betrieb der Erdwärmesondenanlage auftreten. Eine unerwartete Schichtenfolge des

[34] Aus Sass, Oberflächennahe Geothermie, 2010, S. 21

Bodens oder stark widerstandsfähige Bodenschichten können dazu führen, dass die Bohrung nicht oder nur äußerst geringfügig voranschreitet[35]. Im schlimmsten Fall muss so eine Bohrung, die sich bereits in fortgeschrittenem Stadium befindet, an einer anderen Position durchgeführt oder der Bohrvorgang gänzlich abgebrochen werden.

Im Betrieb entzieht die Erdwärmesonde dem umgebenden Erdboden bzw. dem Grundwasser einen Wärmestrom (vgl. auch Kapitel 2.2). Führt dieser Wärmeentzug zu einer übermäßig schnellen Abkühlung des Untergrunds oder reicht die entnehmbare Wärmemenge nicht zum Betrieb der Wärmepumpe aus, kann ebenfalls eine erneute Tiefenbohrung erforderlich werden. Auch eine komplette Funktionsunfähigkeit der gesamten Erdwärmesondenanlage ist dann denkbar.

Ökonomische Probleme bei Tiefenbohrungen leiten sich aus den geologischen und technischen Risiken ab. Unerwartete behördliche Auflagen im Zuge des Bohrvorgangs können zudem hohe finanzielle Belastungen zur Folge haben.

[35] Vgl. auch Englert et al., Geothermie als Energiequelle , 2011, S. 56

6 Kosten und Wirtschaftlichkeit

In Sachen Kosten und Wirtschaftlichkeit muss zwischen der Umstellung des Heizungssystems in einem Altbau und der Installation einer Erdwärmesondenanlage in einen Neubau unterschieden werden. Um eine Einschätzung über die Wirtschaftlichkeit der Umstellung des Heizungssystems auf eine Erdwärmesondenanlage treffen zu können, werden im Folgenden die Kosten einer im Jahr 2010 in einem Einfamilienhaus installierten Erdwärmesondenanlage mit den Opportunitätskosten und Einsparungen verglichen[36].

Für das Einfamilienhaus mit etwa 140 m² beheizter Wohnfläche waren zwei Bohrungen mit jeweils 80 Metern Tiefe erforderlich. Es wurde eine Wärmepumpe mit einer Heizleistung von 14,4 kW und einer Jahresarbeitszahl von 4,7 installiert. Die Vorlauftemperatur beträgt 40 °C. Mit der Erdwärmesondenanlage wird das Gebäude beheizt und Warmwasser zur Verfügung gestellt.

Die Investitionskosten für die Erdwärmesondenanlage betrugen ca. 27.000 € (vgl. auch Tabelle 7). Zum Betrieb des Verdichters der Wärmepumpe werden durchschnittlich 6.600 Kilowattstunden im Jahr benötigt (Mittelwert der Jahre 2011 und 2012). Dabei wird ein spezieller Tarif für Wärmepumpen mit einem Stromlieferanten genutzt. Dieser unterteilt sich in Hoch- und Niedertarifstrom mit deutlich günstigeren Konditionen als bei Haushaltsstrom. Wartungsarbeiten waren in den ersten drei Betriebsjahren nicht nötig und auch in den folgenden Jahren ist nicht von kostenintensiven Reparaturmaßnahmen auszugehen. Weiterhin entfällt auch die jährliche Inspektion des Schornsteinfegers.

Die Erdwärmesondenanlage ersetzt im Einfamilienhaus eine Ölheizung, die im langjährigen Mittel ca. 2.650 Liter Heizöl verbrauchte (Mittelwert der Jahre 2005 bis 2009). Durch den Umbau entfallen die jährlichen Wartungskosten der Ölheizung. Diese betrugen in den Jahren zwischen 2000 und 2010 durchschnittlich etwa 1.000 €

[36] Die folgenden Angaben wurden aus eigenen Unterlagen zusammengestellt.

pro Jahr inklusive der Inspektion durch den Schornsteinfeger. Für den Umbau wurde eine staatliche Förderung in Höhe von 3.828 € gewährt. Diese ergibt sich zum einen aus einer Basis-Innovationsförderung von 2.800 €, die pauschal für Erdwärmesondenanlagen bis 10 kW Heizleistung ausgezahlt wird. Eine Zahlung der Basis-Informationsförderung ist jedoch nur möglich, wenn die Jahresarbeitszahl der Wärmepumpe mindestens 3,8 oder mehr beträgt[37]. Zum anderen werden bei Anlagen bis 20 kW Heizleistung 120 € für jedes weitere Kilowatt Leistung erstattet. Weiterhin wird die Verwendung eines Pufferspeichers zur Zwischenspeicherung von nicht benötigter Energie mit 500 € gefördert (bei mindestens 30 Litern Speichervolumen je Kilowattstunde Heizleistung). Die gesamten Investitionskosten und die jährlichen Betriebskosten der Erdwärmesondenanlage sind in Tabelle 7 den Kosten, die von der Ölheizung jährlich verursacht werden, gegenübergestellt.

[37] Näheres zur Förderung siehe www.bafa.de/bafa/de/energie/erneuerbare_energien/waermepumpen

Tabelle 7: Kostengegenüberstellung von Erdwärmesondenanlage und Ölheizung

Investitions- und Betriebskosten Erdwärmesondenanlage:		**Jährliche Betriebskosten der Ölheizung:**	
Investition:	**Kosten [€]:**	**Investition:**	**Kosten [€]:**
• Tiefenbohrung	8.000 €	• Heizkosten Ölheizung	2.250[38] €
• Einbau und Installation der Erdwärmesonde	6.500 €	• Wartungskosten Ölheizung (inkl. Schornsteinfeger)	1.000 €
• Befüllung der Erdwärmesonde mit Sole	1.000 €	--	--
• Wärmepumpe	5.000 €	--	--
• Sonstige Materialien (Solebausatz, Soleverteiler, Pufferspeicher, Warmwasserspeicher)	5.000 €	--	--
• Anschluss und Inbetriebnahme der Heizungsanlage	1.500 €	--	--
• Stromkosten pro Jahr	1.100 €	--	--
- Staatliche Förderung	3.828 €	--	--
➢ **Gesamtkosten zur Berechnung der Amortisationszeit**	**24.272 €**	➢ **Jährliche Betriebskosten zur Berechnung der Amortisationszeit**	**3.250 €**

[38] Berechnet auf www.fastenergy.de/heizoelpreise. Preis vom 11.04.2013

Aus den in Tabelle 7 zusammengestellten Kosten kann nun die Amortisationszeit einer solchen Erdwärmesondenanlage berechnet werden. Als Amortisationszeit wird hier der Zeitraum bezeichnet, nach dem die jährliche Kostendifferenz zwischen Ölheizung und Erdwärmesondenanlage den Aufwendungen für die Erdwärmesondenanlage überwiegt. Die deutlich geringeren jährlichen Betriebskosten der Erdwärmesondenanlage führen zur Amortisation. Die jährliche Kostendifferenz wird am Anschluss an den Amortisationszeitraum pro Jahr eingespart.

Zur Berechnung der Amortisationszeit werden zunächst die Differenzkosten im Jahr der Errichtung der Erdwärmesondenanlage berechnet. Dazu werden die jährlichen Betriebskosten der Ölheizung von den Investitionskosten und Betriebskosten der Erdwärmesondenanlage im ersten Jahr abgezogen:

$$\Delta K_{GES} = K_{EWS} - K_{ÖL} = 21.022\ € \quad (7)$$

In allen weiteren Jahren betragen die Differenzkosten zwischen Erdwärmesondenanlage und Ölheizung:

$$\Delta K_{a} = K_{ÖL} - K_{a,\ EWS} = 2.150\ €/a \quad (8)$$

Um die Amortisationszeit zu berechnen, muss der Quotient aus der Gesamtdifferenz aus dem ersten Jahr und der darauf folgenden jährlichen Kostendifferenz gebildet werden. Zu beachten ist dabei, dass ein Jahr zum Ergebnis dazugerechnet werden muss, da auch das erste Jahr berücksichtigt werden muss. Die Formel lautet:

$$t_{A} = 1\,a + \frac{\Delta K(Ges)}{\Delta K(a)} = 10{,}78\ a \quad (9)$$

Nach dieser Rechnung hat sich die Erdwärmesondenanlage somit nach knapp elf Jahren amortisiert. Nicht berücksichtigt sind dabei Kosten für unvorhergesehene Schäden am Heizsystem. Diese wären bei der Ölheizung, die etwa 20 Jahre in Betrieb war, weitaus wahrscheinlicher gewesen.

Die Installation von Erdwärmesondenanlagen in Neubauten wird vom Staat nicht mit Fördergeldern unterstützt. Die Investitionskosten für eine Erdwärmesondenanlage liegen höher als die von Öl- und Gasheizungen oder anderer Heizsysteme. Bild 10 zeigt die Anschaffungskosten verschiedener Heizsysteme im Vergleich.

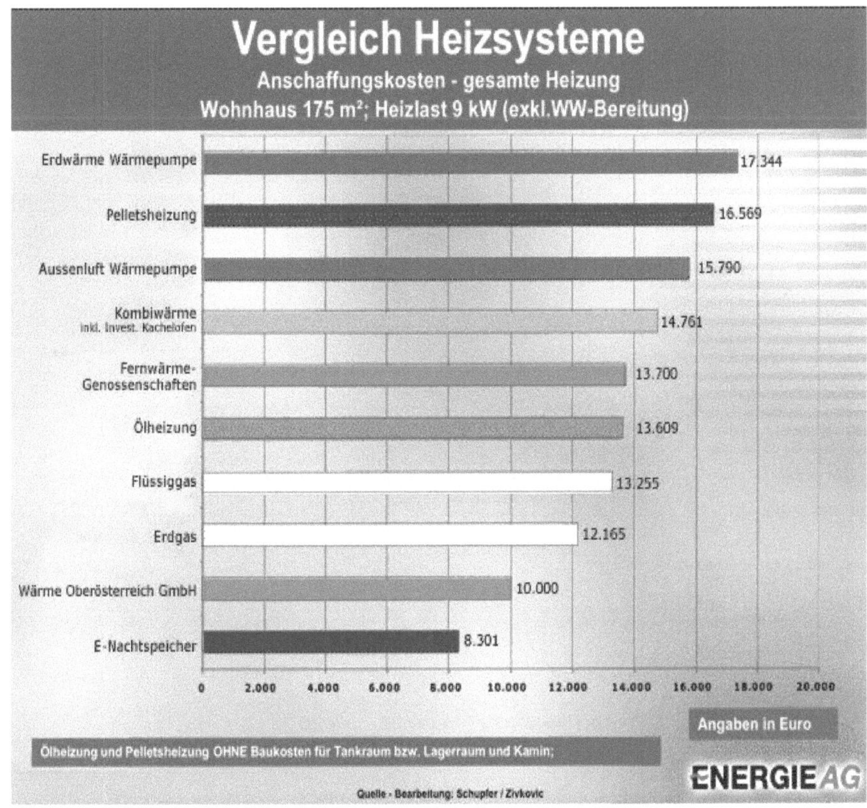

Bild 10: Vergleich der Anschaffungskosten verschiedener Heizsysteme[39]

[39] Aus www.renersys.de/waermepumpe/waermepumpen-kosten.html

Im Vergleich zu anderen Heizsystemen weisen Erdwärmesondenanlagen jedoch sehr niedrige Betriebskosten auf. In Bild 11 sind jährliche Betriebskosten verschiedener Heizsysteme gegenübergestellt.

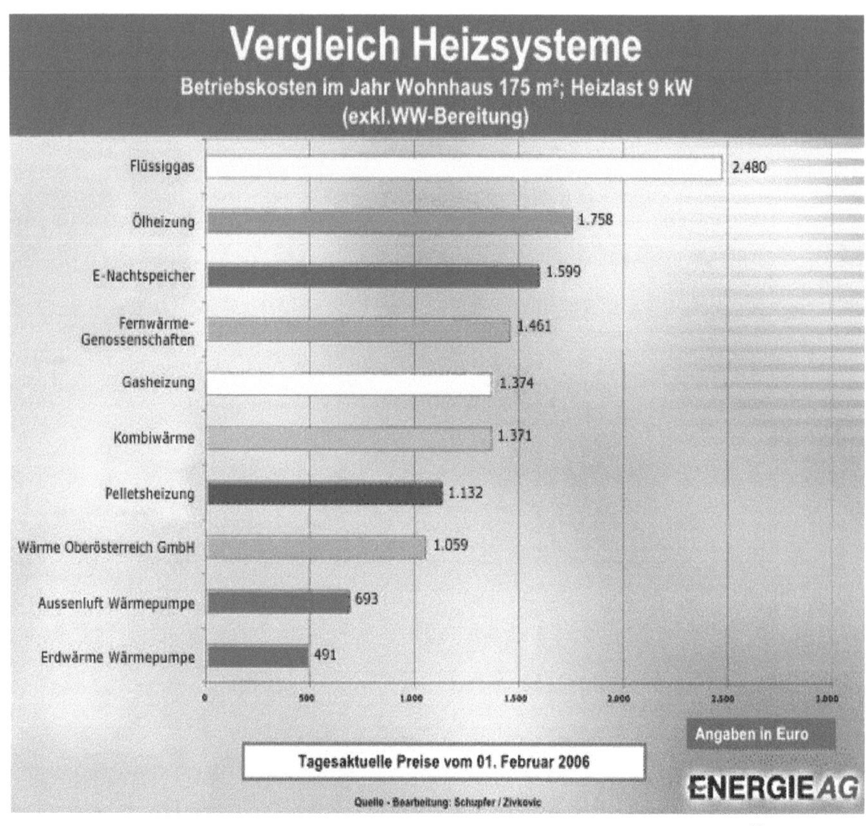

Bild 11: Vergleich der jährlichen Betriebskosten verschiedener Heizsysteme[40]

Durch die niedrigen jährlichen Betriebskosten ist die Wirtschaftlichkeit von Erdwärmesondenanlagen verglichen mit anderen Heizsystemen sehr gut. Wie in Bild 12

---

[40] Aus www.renersys.de/waermepumpe/waermepumpen-kosten.html

deutlich wird haben Erdwärmesondenanlagen nach 20 Jahren die niedrigsten Gesamtkosten (Addition aus Anschaffungs- und Betriebskosten).

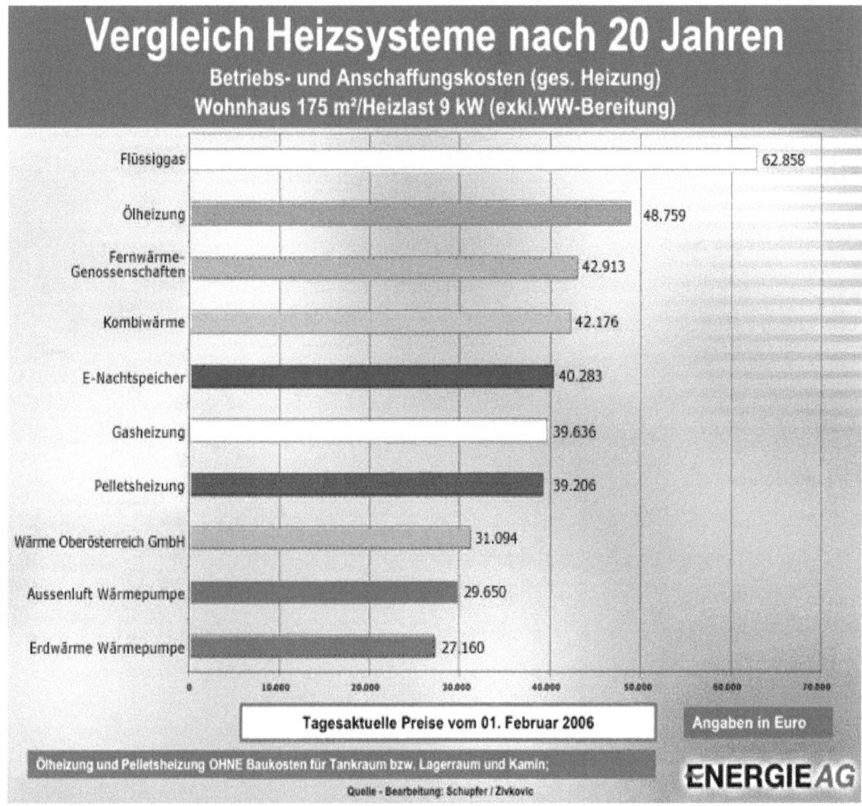

Bild 12: Kosten verschiedener Heizsysteme im Zeitraum von 20 Jahren[41]

---

41 Aus www.renersys.de/waermepumpe/waermepumpen-kosten.html

7 Fazit

Als Ergebnis dieser Studienarbeit lässt sich festhalten, dass die Nutzung von Erdwärme mittels Tiefenbohrung und Erdwärmesonde eine auf Dauer kostensparende und effektive Lösung für Heizzwecke darstellt. Bevor man sich jedoch für eine Erdwärmesondenanlage entscheidet, sollte jedes Bauvorhaben individuell betrachtet werden. Es empfiehlt sich, alle in Frage kommenden Systeme miteinander zu vergleichen.

Steht man vor der Frage, mit welchen Heizsystem man einen Neubau ausstattet werden, merkt man zumeist, dass es sich nicht mehr lohnt, auf Heizsysteme auf Basis fossiler Rohstoffe zurückzugreifen. Durch die Verknappung fossiler Rohstoffe weisen sie zu hohe Betriebskosten auf und emittieren zudem große Mengen an Treibhausgasen. Wer sich entscheidet, Erdwärme zu nutzen, hat zwar anfangs höhere Investitionskosten, kann diese jedoch bei angemessener Anlagenplanung wieder hereinholen.

Bei der Installation von Erdwärmesondenanlagen in Altbauten sollte der Einbau einer Erdwärmepumpe als Teil einer energetischen Sanierung angesehen werden, da wie erwähnt eine gute Dämmung die benötigten Vorlauftemperaturen verringert. Für eine effiziente Dämmung des Wohngebäudes ist in Verbindung mit einer Erdwärmesondenanlage ein Kombinations-Förderbonus möglich.

Durch die geringen Vorlauftemperaturen, die bei Erdwärmesondenanlagen erreicht werden, ist besonders die Kombination mit Flächenheizungen (Fußboden- oder Deckenheizung) rentabel. Die Wirtschaftlichkeit von Erdwärmesondenanlagen kann zudem noch erhöht werden, wenn auch noch Kühlbedarf gedeckt werden muss. Eine Wärmerückführung im Sommer führt zu Effizienzsteigerungen im Winter. Soll die Wärmepumpe jedoch zum Kühlen genutzt werden, muss die Pumpe dafür ausgelegt sein. Dies geht in der Regel mit höheren Investitionskosten für die Pumpe einher.

Weniger ökonomisch als vielmehr ökologisch interessant ist die Kombination von Erdwärmesondenanlagen mit Photovoltaik- und Solarthermie-Anlagen. Derartige Kombinationen werden mit einem regenerativen Förderbonus unterstützt.

Die mit der Technologie verbundenen Risiken sollten nicht unterschätzt oder vernachlässigt werden. Sie beziehen sich vor allem auf Schäden am Erdboden oder Verschmutzungen des Grundwassers, die besonders bei der Durchführung der Tiefenbohrung entstehen können. Durch eine sorgfältige Vorbereitung und eine vorschriftsmäßige Durchführung der Tiefenbohrung können diese jedoch minimiert werden.

Somit bleibt als Fazit, dass die Nutzung von Erdwärme mit Erdwärmesondenanlagen eine sehr sinnvolle und wirtschaftliche Alternative zu fossilen und anderen Heizsystemen darstellt. Dies gilt jedoch nur, wenn eine massive Gefährdung des Grundwassers ausgeschlossen werden kann.

Literaturverzeichnis

[1] Allgäuer Überlandwerk GmbH (Hrsg.): So funktioniert die Wärmepumpe – Kreislauf einer Wärmepumpe, Online im Internet, https://www.auew.de/index.php?plink=funktionsweise-waermepumpe (2013), Abfrage vom 03.05.2013

[2] Bayerisches Landesamt für Umwelt (Hrsg.): Geothermie in Bayern – Möglichkeiten der Energienutzung aus Erdwärme in Bayern, Online im Internet, http://www.lfu.bayern.de/geologie/geothermie/index.htm (2013), Abfrage vom 03.05.2013

[3] Berli,S.: Heizen und Kühlen mit geothermischer Energie – Bestimmende Faktoren für den Einsatz der richtigen Bohrtechnik (2008), Zürich: SIA

[4] BitSign GmbH (Hrsg.): Haustechnik-Dialog – Arbeitszahl, Online im Internet, http://www.haustechnikdialog.de/Forum/t/44666/Bohrtiefe-ermitteln-nach-Waermebedarf (o. J.), Abfrage vom 16.05.2013

[5] Bundesamt für Wirtschaft und Ausfuhrkontrolle (Hrsg.): Förderung von effizienten Wärmepumpen, Online im Internet, http://www.bafa.de/bafa/de/energie/erneuerbare_energien/waermepumpen/ (2013), Abfrage vom 11.04.2013

[6] Bundesministerium für Umwelt, Naturschutz und Reaktorsicherheit (Hrsg.): Geothermie – Energie für die Zukunft (2004), Berlin: BMU

[7] Bundesverband Wärmepumpe e.V. (Hrsg.): Leitfaden für die Erstellung von Erdwärmesonden für Wärmepumpenanlagen in Bayern bis 30 kW Heizleistung, 3., überarbeitete Auflage (2003), München: BWP

[8] Englert, K. / Fuchs, B.: Geothermie als Energiequelle – Risiken in der oberflächennahen Geothermie aus juristischer Sicht (2011), Berlin / München

[9] Erluwa Klimatechnik UG haftungsbeschränkt: Wärmepumpen-Technik, Online im Internet, http://www.erluwa.de/waermepumpe-waermepumpen/index.html (2010), Abfrage vom 07.04.2013

[10] Eugster, W.: Erdwärmesonden – Funktionsweise und Wechselwirkung mit dem geologischen Untergrund – Feldmessungen und Modellsimulation (1991), Zürich: Eidgenössische Technische Hochschule

[11] FastEnergy GmbH (Hrsg.): Heizöl-Preisrechner, Online im Internet, http://www.fastenergy.de/heizoelpreise.htm (2013), Abfrage vom 11.04.2013

[12] Glen Dimplex Deutschland GmbH (Hrsg.): Praxishandbuch – Wärmepumpen für Heizung und Warmwasserbereitung (2009), Kulmbach: Geschäftsbereich Dimplex

[13] GtV-Bundesverband Geothermie e.V. (Hrsg.): Erdwärme-Tipps für Hausbesitzer und Bauherren (2012), Berlin: GtV

[14] Hesse, W.: Heizen mit der Sonne, Online im Internet, http://www.heizen-mit-der-sonne.de (o. J.), Abfrage vom 07.04.2013

[15] Hoffmann, O.: Der Wärmepumpen-Ratgeber, Online im Internet, http://www.waermepumpen-ratgeber.de/index.htm (2011), Abfrage vom 07.04.2013

[16] Innius GmbH (Hrsg.): Geothermieanlagen, Online im Internet, http://www.innius.de/planung/regenerative-energien/geothermieanlagen (o. J.), Abfrage vom 06.05.2013

[17] Kosak Erdwärme-Tiefenbohrung GmbH (Hrsg.): Unsere Leistungen im Rahmen einer Erdwärmebohrung, Online im Internet, http://www.tiefenbohrung.de/leistungen.php (2005), Abfrage vom 07.05.2013

[18] Loose, P. Erdwärmenutzung – Versorgungstechnische Planung und Berechnung, 3., überarbeitete Auflage (2009), Heidelberg: C. F. Müller Verlag

[19] Mund, A.: Vorlesungs- und Laborunterlagen zur Wärmepumpentechnik (2013), Mosbach: DHBW Mosbach

[20] Renersys GmbH (Hrsg.): Heizsysteme – Kostenvergleich, Online im Internet, http:// www.renersys.de/waermepumpe/waermepumpen-kosten.html (2006), Abfrage vom 21.05.2013

[21] Sass, I.: Oberflächennahe Geothermie – Chance und Risiken (2010), Darmstadt: Technische Universität

[22] Umweltministerium Baden-Württemberg (Hrsg.): Leitfaden zur Nutzung von Erdwärme mit Erdwärmesonden, 4., überarbeitete Neuauflage (2005), Stuttgart: UMBW

[23] Verein Deutscher Ingenieure e.V. (Hrsg.): VDI 4640 – Thermische Nutzung des Untergrunds – Erdgekoppelte Wärmepumpen (1998), Berlin: Beuth Verlag

[24] Wasserwirtschaftsamt Bad Kissingen (Hrsg.): Hinweise zur Ausführung von Bohr- und Ausbauarbeiten für Gartenbrunnen, Entnahme-, Schluckbrunnen und Erdsonden (2006), Bad Kissingen: Landratsamt

[25] Wirtschaftsverband Erdöl- und Erdgasgewinnung e.V. (Hrsg.): Reichweite fossiler Rohstoffe, Online im Internet, http://www.erdoel-erdgas.de/Themen/Rohstoffe/Reichweite-fossiler-Rohstoffe (2013), Abfrage vom 28.04.2013